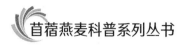

苜蓿燕麦科普系列丛书

苜蓿利用篇

MUXU YANMAI KEPU XILIE CONGSHU
MUXU LIYONG PIAN

全国畜牧总站 编

U0238562

中国农业出版社
北 京

MUXU YANMAI KEPU XILIE CONGSHU

苜蓿燕麦科普系列丛书

总 主 编：负旭江
副总主编：李新一　　陈志宏　　孙洪仁　　王加亭

MUXU LIYONG PIAN

苜蓿利用篇

主　　编　张　微
副 主 编　武子元　段春辉
编写人员（按姓名笔画排序）

王　斌　王成章　王建丽　田双喜　刘　彬

闫　敏　孙亚波　杨雨鑫　张　微　武子元

罗　峻　周振明　赵之阳　柳珍英　段春辉

侯扶琴　徐慧娟　程　晨　薛泽冰

美　　编　申忠宝　梅　雨

前　言

　　20 世纪 80 年代初，我国就提出"立草为业"和"发展草业"，但受"以粮为纲"思想影响和资源技术等方面的制约，饲草产业长期处于缓慢发展阶段。21 世纪初，我国实施西部大开发战略，推动了饲草产业发展。特别是 2008 年"三鹿奶粉"事件后，人们对饲草产业在奶业发展中的重要性有了更加深刻的认识。2015 年中央 1 号文件明确要求大力发展草牧业，农业部出台了《全国种植业结构调整规划（2016—2020 年）》《关于促进草牧业发展的指导意见》《关于北方农牧交错带农业结构调整的指导意见》等文件，实施了粮改饲试点、振兴奶业苜蓿发展行动、南方现代草地畜牧业推进行动等项目，饲草产业和草牧融合加快发展，集约化和规模化水平显著提高，产业链条逐步延伸完善，科技支撑能力持续增强，草食畜产品供给能力不断提升，各类生产经营主体不断涌现，既有从事较大规模饲草生产加工的企业和合作社，也有饲草种植大户和一家一户种养结合的生产者，饲草产业迎来了重要的发展机遇期。

　　苜蓿作为"牧草之王"，既是全球发展饲草产业的重要豆科牧草，也是我国进口量最大的饲草产品；燕麦适应性强、适口性好，已成为我国北方和西部地区草食家畜饲喂的主要禾本科饲草。随着人们对饲草产业重要性认识的不断加深和牛羊等草食畜禽生产的加快发展，我国对饲草的需求量持续增长，草产品的进口量也逐年增加，苜蓿和燕麦在饲草产业中的地位日

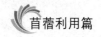

益凸显。

发展首蓿和燕麦产业是一个系统工程，既包括首蓿和燕麦种质资源保护利用、新品种培育、种植管理、收获加工、科学饲喂等环节；也包括企业、合作社、种植大户、家庭农牧场等新型生产经营主体的培育壮大。根据不同生产经营主体的需求，开展先进适用科学技术的创新集成和普及应用，对于促进首蓿和燕麦产业持续较快健康发展具有重要作用。

全国畜牧总站组织有关专家学者和生产一线人员编写了《首蓿燕麦科普系列丛书》，分别包括种质篇、育种篇、种植篇、植保篇、加工篇、利用篇等，全部采用宣传画辅助文字说明的方式，面向科技推广工作者和产业生产经营者，用系统、生动、形象的方式推广普及首蓿和燕麦的科学知识及实用技术。

本系列丛书的撰写工作得到了中国农业大学、甘肃农业大学、中国农业科学院草原研究所、北京畜牧兽医研究所、植物保护研究所、黑龙江省农业科学院草业研究所等单位的大力支持。参加编写的同志克服了工作繁忙、经验不足等困难，加班加点查阅和研究文献资料，多次修改完善文稿，付出了大量心血和汗水。在成书之际，谨对各位专家学者、编写人员的辛勤付出及相关单位的大力支持表示诚挚的谢意！

书中疏漏之处，敬请读者批评指正。

目　录

前言

一、不同动物的消化生理特征

（一）反刍动物的消化生理特点

1. 反刍动物的胃有什么不同？

反刍动物具有特别的四胃结构，即瘤胃、网胃、瓣胃、皱胃，其中前三个胃没有消化腺，不能分泌消化液，第四个胃才是具有分泌消化液功能的真胃。

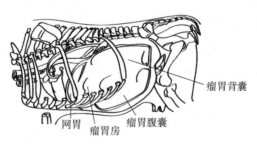

瘤胃背囊

网胃　瘤胃房　瘤胃腹囊

图1-1　反刍动物瘤胃结构图

瘤胃是四个胃中最大的胃，短时间内采食的未经充分咀嚼的饲草主要储存在瘤胃中，瘤胃是微生物消化的主要场所。网胃位于瘤胃前部，主要功能就像筛子，随着饲料吃进去的重物，如钉子和铁丝，都会被网胃阻挡而留在里面。瓣胃是第三个胃，其内部表面排列新月状的瓣叶，对食物起机械压榨作用。皱胃的功能类似于单胃动物的胃，其黏膜腺体分泌的消化

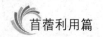

液里面含有多种酶，对食物进行化学性消化。

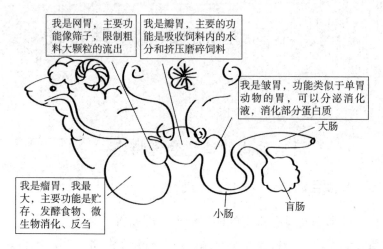

我是网胃，主要功能像筛子，限制粗料大颗粒的流出

我是瓣胃，主要的功能是吸收饲料内的水分和挤压磨碎饲料

我是皱胃，功能类似于单胃动物的胃，可以分泌消化液，消化部分蛋白质

大肠

我是瘤胃，我最大，主要功能是贮存、发酵食物、微生物消化、反刍

小肠

盲肠

图1-2　反刍动物的四个胃及功能

　　瘤胃是反刍动物碳水化合物消化的主要场所。碳水化合物中的糖和果胶在瘤胃的降解非常迅速，其次为淀粉，最后为可消化的纤维素。瘤胃壁具有强大的收缩功能，能揉磨搅拌食物，瘤胃不分泌消化液，但是瘤胃中存在着大量微生物。这些微生物主要在以下两个方面发挥着重要作用：第一，分解粗纤维，产生大量的有机酸，即挥发性脂肪酸，是反刍动物重要的

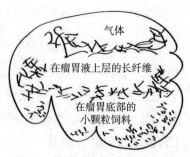

气体

在瘤胃液上层的长纤维

在瘤胃底部的
小颗粒饲料

图1-3　反刍动物瘤胃的真面目

能量来源，约占反刍动物能量需求的 60%～80%；第二，瘤胃微生物可以利用日粮中的非蛋白氮和植物性蛋白质合成微生物蛋白质，提供了反刍动物大约 80% 的蛋白质需求，微生物蛋白可以被小肠快速吸收，是最为经济的蛋白质来源。

2. 什么是反刍?

牛羊等反刍动物在食物消化前把食团逆呕到口腔中，经过再咀嚼、再混合唾液、再吞咽，这一过程即为反刍。反刍能使饲料进一步磨碎、变细，并不断地进入后面的消化道中，加速消化进程，这样能使牛羊采食更多的饲料。观察牛羊的反刍正常与否是评价其健康状况的一个重要手段。

1.反刍过程包括逆呕、再咀嚼、再混合唾液和再吞咽四个过程。
2.反刍可以使饲草变细、变软，较快地通过瘤胃到后面的消化道中去，这样能使我采食更多的饲料

图 1-4　什么是反刍

(二) 单胃动物的消化生理特征

3. 猪为什么能吃草?

众所周知，猪是单胃杂食动物，可以采食一部分优质青绿饲料，那么其原理又是什么呢?

成年猪大肠长度约 3~4m，肠壁结构与小肠差别很大，黏膜上没有绒毛结构。猪大肠具有相对较大的容积，大肠食糜的酸碱性接近中性，又保持厌氧状态，温度、湿度等均适合微生物的繁殖，所以猪大肠扮演的角色类似于反刍动物的瘤胃。因此，猪大肠为消化纤维提供了重要场所。

图 1-5　猪大肠内面观

4. 猪消化草的原理是什么？

因为猪大肠的特殊环境，所以其中的厌氧性微生物占主导地位。大部分反刍动物胃内的纤维分解菌，包括乳酸菌、链球菌、大肠杆菌、梭菌及酵母菌等在猪的大肠内都存在。纤维分

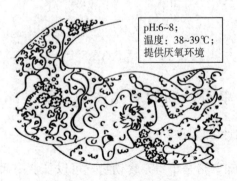

pH:6~8；
温度：38~39℃；
提供厌氧环境

图 1-6　猪大肠内环境

解菌的数量随着动物的生长发育而增加，成年猪和生长猪消化道内纤维分解菌数量相差 8 倍，故成年猪消化饲料纤维的能力强。饲料内纤维含量对动物消化器官内微生物群体组成影响也很大，因此饲喂高纤维饲料的母猪大肠内纤维分解菌数量会增加。

二、苜蓿的营养价值

（一）苜蓿的蛋白质营养

5. 苜蓿为什么可以替代部分精饲料?

苜蓿是一种高蛋白豆科牧草，粗蛋白含量约占干物质的15%～23%，一般在18%左右，要高于禾本科干草以及部分能量饲料，接近于蛋白质饲料。同时苜蓿干草的蛋白质降解率高，要比禾本科牧草的蛋白质降解率高2.5倍，可以为反刍动物提供较多的瘤胃降解蛋白（可以在瘤胃中被分解的蛋白质）。

我是苜蓿，是一种高蛋白豆科牧草，干草的蛋白质降解率高，可以为反刍动物提供较多的瘤胃降解蛋白

图2-1　苜蓿为什么可以替代部分精饲料

6. 苜蓿蛋白质组成有什么特点?

苜蓿蛋白质中含有20种氨基酸。这些氨基酸中包括了人和动物的全部必需氨基酸以及一些稀有氨基酸，例如瓜氨酸与刀豆氨酸等。其中 10 种必需氨基酸的含量可以占到粗蛋白含量的 40％以上。此外，苜蓿干草中赖氨酸、色氨酸等氨基酸比例较为均衡合理，其营养价值和饲喂效果与鱼粉相当，且要高于大豆饼、花生饼等蛋白质饲料。饲喂苜蓿具有明显增加动物体重，提高肉、奶产量，改善肉、奶品质，提高饲料转化率等效果。因此，苜蓿是一种良好的植物蛋白质来源。

图 2-2　苜蓿蛋白质组成特点

（二）苜蓿纤维的特点

7. 苜蓿纤维有什么特点？

苜蓿干草的纤维在瘤胃中的降解率要高于燕麦干草、羊草

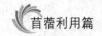

干草，单位重量干草挥发性脂肪酸（比如乙酸）产生量也高于全株玉米青贮、燕麦干草和羊草。而且，苜蓿在瘤胃中的降解恰好能够产生某些粗纤维分解菌生长所需要的异丁酸、戊酸以及小肽和氨基酸。这些物质可以提高纤维分解菌的活性，从而提高动物对纤维的消化率。

图 2-3　苜蓿纤维的特点

8. 苜蓿为什么可以提高乳脂率？

苜蓿含有大量的有效纤维（指一定长度、有刺激反刍作用的纤维）。有效纤维可以提高乳脂率。若日粮中纤维含量不够或精料含量过高，瘤胃中的乙酸含量就会下降，进而导致乳脂率降低，严重时会发生瘤胃酸中毒。在奶牛日粮中添加苜蓿，可以满足奶牛营养需要，提高产奶量和改善奶品质，又可以显著提高奶牛对精料、粗饲料的消化率和利用率，降低饲养成本，还可以提高奶牛健康水平，减少生殖疾病和消化疾病，延长奶牛的利用年限。

图2-4 苜蓿为什么可以提高乳脂率

（三）苜蓿的其他营养特性

9. 苜蓿还有哪些营养功效？

苜蓿含有全面而丰富的维生素，如维生素 A、维生素 D、维生素 E、维生素 K、维生素 U、维生素 C、维生素 B_1、维生素 B_2、维生素 B_6、维生素 B_{12}、叶酸、泛酸、肌醇和烟酸等，是 B 族维生素、维生素 A、β-胡萝卜素等多种维生素的重要来源。此外，苜蓿还富含钙、磷、锌、镁、钾、锰、铜等多种矿物质元素，对提高动物的免疫机能、生长性能及改善牛奶品质有重要作用。

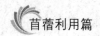

图 2-5 苜蓿还有哪些营养功效

10. 苜蓿还有什么神秘之处?

苜蓿中含有大量的生物活性物质，主要包括苜蓿皂苷、苜蓿多糖、苜蓿黄酮、脂肪酸及一些未知生长因子。苜蓿皂苷具有调节脂类代谢、抗氧化、增强免疫功能、抗肿瘤和抗菌等作用。苜蓿多糖具有增强免疫功能、提高抗病力等多种作用。苜蓿黄酮主要分布于苜蓿的茎叶中，具有抗氧化、清除自由基、提高动物免疫力和繁殖力的作用。

图 2-6 苜蓿还有哪些神秘之处

三、苜蓿在养殖中的应用

（一）苜蓿在养牛中的应用

11. 苜蓿青贮在奶牛养殖中如何应用？

有关苜蓿青贮饲喂奶牛，国外在 20 世纪八九十年代以及 21 世纪初就有报道。研究表明，将奶牛日粮中 10% 的苜蓿干草用同等数量的苜蓿青贮替代后，尽管降低了奶牛日粮中的干物质含量，但是对奶牛干物质采食量以及产奶量并没有产生影响，同时还提高了乳脂率。还有研究证明，如果奶牛日粮中的粗饲料全部为苜蓿干草或者是苜蓿青贮，二者对奶牛的生产性能没有影响。国外的牧场经验证明，当奶牛日粮中玉米青贮与苜蓿青贮混合比例为 1：3 时，奶牛产量最高。

由于我国牧场周边一般较少有配套耕地，收购新鲜苜蓿距离过远，不利于苜蓿青贮的制作。而且相对于禾本科植物，苜蓿本身淀粉和含糖量较低，增加了青贮制作的技术难度，很多牧场尝试的效果并不理想。但是，随着近年来我国兴起一批实力雄厚的草业公司，它们在裹包苜蓿青贮的探索上取得了一定的成绩，不仅解决了牧场自己制作青贮容易失败的问题，而且也促进了苜蓿的流通，解决了部分地区饲草不足的现象。

我国使用苜蓿青贮的经验一般是使用苜蓿青贮代替其质量

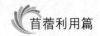

约一半的苜蓿干草，或者是在泌乳牛日粮中添加 4～6kg，替代三分之一到三分之二的玉米青贮。但是，生产中使用任何原料时，要综合考虑其质量、价格等因素，不能一概而论。

图 3-1　苜蓿青贮在奶牛养殖中如何应用

某集团一牧场（全群 1 900 头，成母牛 900 头，泌乳牛 750 头），用 1kg 苜蓿青贮代替 0.5kg 苜蓿干草，在 30d 的试

图 3-2　某集团牧场苜蓿青贮的应用

验期内，泌乳牛单产维持在 33kg，没有降低奶产量，乳脂、乳蛋白、非脂乳固体等指标保持稳定。

12. 苜蓿干草在集团化奶牛场中如何应用？

近年来，我国集团化牧场能够得到快速的发展，其中一个重要原因是得益于优质紫花苜蓿的大量应用。自从 2008 年以来各牧场普遍应用"优质紫花苜蓿＋全株玉米青贮＋东北羊草＋低精料"的日粮结构模式，不仅使奶产量逐年攀升，而且饲料成本相对降低，还降低了奶牛代谢疾病、蹄病、繁殖障碍等疾病的发生率，维护了奶牛群体的健康，延长了奶牛使用年限，提高了经济效益。

目前我国使用的苜蓿干草主要有国产苜蓿、美国进口苜蓿和西班牙进口苜蓿。作为一种营养价值高而且比较"贵"的草产品，在实际生产中，牧场要将好钢用在刀刃上，既要充分发挥苜蓿的营养价值，又要避免浪费。

新产牛中的应用：牛在产后采食量偏低，此时要尽可能多地利用优质干草来提高其干物质采食量，从而避免产后一系列代谢疾病的发生。新产牛的干物质采食量要达到 17～19kg，日粮总能要达到 7.1～7.2MJ/kg，蛋白水平为 17.5%～17.8%，淀粉含量达到 21%，脂肪含量小于 6%。一般新产配方中的粗料要占到 45% 以上，此时营养价值高的优质苜蓿成为了首选。一般新产牛日粮中苜蓿用量为 3kg。

高产牛中的应用：奶牛泌乳高峰期一般在产后 40～60d，而采食量高峰一般要在产后 90d 左右。为了满足高产阶段牛只的高生产性能，也为了弥补其在产后造成的体况损失，想方设法使奶牛采食量最大化，满足奶牛的营养需求是高产配方的重点。此阶段日粮总能要达到 7.1～7.2MJ/kg，蛋白水

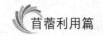
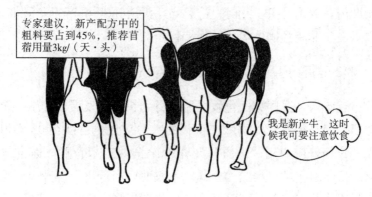

图 3-3　新产牛日粮中苜蓿的应用

平为 16.5％～17％，淀粉含量达到 24％～26％，脂肪含量小于 5％。奶牛作为草食动物，优质干草必须保证供应，整体粗料水平不低于 40％，如果精料水平过高可能会导致瘤胃酸中毒等代谢疾病。建议在高产牛日粮中用 2～3kg 优质苜蓿。

图 3-4　高产牛日粮中苜蓿的应用

　　低产牛一般指各种原因导致产奶量较低的牛只，比如疾病、处于泌乳后期等。这时饲喂奶牛低能日粮维持其基本需求即可，确保体况不至于过肥，减少产后各种代谢疾病。此阶段日粮总能要控制在 $6.3 \sim 6.7$ MJ/kg，蛋白水平为 $15\% \sim 16\%$，淀粉含量达到 $24\% \sim 26\%$，脂肪含量小于 4%。这时可以使用少量低质苜蓿或者不用，控制能量，避免过肥，同时也避免蛋白等营养物质的浪费。

图 3-5 低产牛日粮中苜蓿的应用

13. 苜蓿在家庭、小型牧场如何应用？

通过生产实践，家庭或者小型牧场中使用苜蓿可以带来可观的经济效益。

甘肃省迭部县一小型牧场使用 2kg 苜蓿，替代 0.5kg 精料，0.5kg 酒糟以及 1kg 野干草后，产奶量增加了 1kg。

河北张家口宣化某中型牧场，配方中添加 20% 的苜蓿，降低了能量饲料玉米和蛋白饲料豆粕的使用量，产奶量由 24kg 提

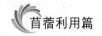
高到 26kg，增长了 2kg。乳脂率从 3.5％提高到 3.6％，乳蛋白率由 3.02％提高到 3.07％。

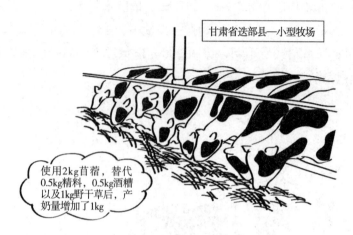

图 3-6　甘肃省迭部县一小型牧场苜蓿的应用

图 3-7　河北张家口宣化某中型牧场苜蓿的应用

河南郑州某家庭牧场，利用 3kg 苜蓿青干草代替 2kg 精料补充料，产奶量由 22kg 提高到了 24kg，乳脂率由 3.5％提高到了 3.65％，乳蛋白率由 3.10％提高到 3.25％。

图 3-8　河南郑州某家庭牧场苜蓿的应用

14. 苜蓿在肉牛养殖中如何应用？

周振勇研究表明，在精料量不变的情况下，日添加苜蓿草块 0.5kg/头可提高其日增重，但差异不显著；而日添加苜蓿草块 1.2kg/头可以较大幅度地提高其日增重。

周桂兰研究利用苜蓿干草替代豆饼饲喂肉牛，饲养试验结果证实，在提高平均日增重上，苜蓿干草替代 50％豆饼和替代 100％豆饼均取得较好的效果，分别比对照组提高了 93.25g 和 27.5g。在 60d 的试验期中两个试验组比对照组节省饲料成本、提高增重的综合收益分别为 37.14 元/头和 12.25 元/头。苜蓿干草替代豆饼饲喂肉牛不影响肉牛日增重且稍有提高，能够降低饲料成本、增加养牛的综合经济效益。

李晓东研究结果表明，用苜蓿青干草替代花生秧和棉籽壳能显著降低肌肉的滴水损失和失水率，提高熟肉率，从而提高了肌肉的保水性。

通辽某公司，饲养海福特、安格斯犊牛，哺乳犊牛自由采

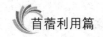

图3-9 通辽某公司苜蓿的应用

食苜蓿及燕麦草，燕麦和苜蓿各占50%。至6月龄时，使用效果良好，能够提高犊牛采食量，提高肉用犊牛的增重。其中，苜蓿干草水分在10%左右，粗蛋白含量12%～16%，到场价1 600～1 800元/t；新燕麦草1 500～1 600元/t。

陕西某牧业公司，公司自有苜蓿种植地20hm²。收割的青苜蓿主要作为鲜草饲喂断奶犊牛群，每日收割，当日即采食完毕，不留储。

青苜蓿饲喂断奶犊牛群约500头，按照精饲料1.5kg＋麸皮0.5kg＋预混料0.2kg＋干麦草0.5kg＋青苜蓿0.5kg，搅拌成混合日粮供应，使用效果良好，4～6月龄犊牛已完全可以通过此配方取代断奶犊牛料，饲喂成本大大减少。

多余收割量供应给生产母牛，按照每头2kg供应。母牛日粮中精饲料可减少0.5kg，麦草减少1kg，饲喂情况良好。

图3-10　陕西某牧业公司苜蓿的应用

（二）苜蓿在养羊中的应用

15. 苜蓿青贮在养羊中如何应用？

良好的苜蓿青贮不仅保持了新鲜苜蓿的营养成分，同时兼有消化率高、适口性好、耐贮存等优点，是一种优质的粗饲料资源。由于青贮饲料含有大量的有机酸且含水量较高，饲喂量不宜过多，尤其在寒冷季节不能单独大量饲喂。

在育肥羊上的研究表明，以苜蓿青贮和燕麦青贮分别作为唯一粗饲料饲喂育肥肉羊的日增重分别为 161g/d 和 123g/d，燕麦青贮与苜蓿青贮分别按 7∶3、1∶1、3∶7 的比例作为粗饲料饲喂育肥羊的日增重分别为 137g/d、150g/d 和 184g/d。用苜蓿青贮与玉米青贮作为粗饲料饲喂育肥期小尾寒羊的试验结果表明，单独饲喂苜蓿青贮的育肥羊日增重为 187.8g/d、饲草转化率为 7.3%，高于单独饲喂玉米青贮（日增重为 163.3g/d，饲草转化率6.45%）；苜蓿青贮与玉米青贮分别以 80∶20、60∶40、40∶60、20∶80 的比例混合后饲喂育肥羊

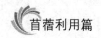

图 3-11　育肥羊中苜蓿青贮的应用

的日增重分别为 201.1g/d、188.6g/d、191.1g/d、203.3g/d，饲草转化率分别为 7.71%、7.26%、7.47%、7.94%。苜蓿与其他饲料制作的混合青贮也是较好的粗饲料来源，研究发现，苜蓿和骆驼刺按不同比例混贮后饲喂多浪羊，在瘤胃中产生的丙酸含量显著高于饲喂苜蓿干草，且苜蓿和骆驼刺以1：1 混贮饲喂后总挥发性脂肪酸的含量显著高于苜蓿干草。可见，苜蓿青贮单独饲喂、混贮或与其他青贮饲料搭配的饲用效果均较好。

16. 苜蓿干草在养羊中如何应用？

天津某养羊公司给育成羊饲喂苜蓿草，育成羊生长速度较快，尤其是 2～8 月龄，这一阶段羊只更多的是长肌肉和骨骼，为保证日增重达到标准，一定要满足粗蛋白的摄入量。这一阶段羊只的干物质需要量一般在 1.4kg 左右，但是精料的饲喂量要控制在合理范围内，一般情况下青年羊的精粗比需控制在

4.5∶5.5,这样不会导致羊只发生消化道类疾病。因此,如何保证在干物质不增加的情况下,将日粮的粗蛋白提高,就需要选择一种粗蛋白相对较高的饲草,苜蓿干草是最佳选择之一。以国产苜蓿为例,一般的粗蛋白含量在 13%～17%,精料的粗蛋白在 20% 左右,该公司的日粮配比一般是 0.6kg 精料、0.5kg 苜蓿草以及 0.5～1.0kg 其他饲草,该日粮配比既可以满足育成羊的正常生长发育,达到最佳的日增重,又可使饲喂成本相对低一些。

图 3-12　天津某养羊公司苜蓿的应用

赤峰市某绒山羊种羊场有 67hm² 苜蓿种植地,种植品种为本地紫花苜蓿,一年收割 2～3 茬,主要以青干草的形式贮存。苜蓿干草主要用来饲喂羔羊,羔羊苜蓿饲喂量占饲草料比例为 1/3,饲喂时要与其他饲草、料搅拌后进行饲喂。该公司的经验是,羔羊尽量不喂鲜苜蓿,特别是苜蓿地里有露水的时候羊吃了容易胀肚,胀气严重的情况下可导致死亡。

图 3-13　赤峰某绒山羊种羊场苜蓿的应用

新疆某种羊场自种一部分苜蓿（20hm²），其余从农户收购，价格 1.65 元/kg。种公羊配种期饲喂苜蓿草 300g/d，可以增强体质，提高母羊受胎率；母羊繁殖期和哺乳期饲喂苜蓿草 300g/d，可以增加营养，产奶量多，羔羊增重快，羔羊成活率高；羔羊断奶后饲喂苜蓿草 100g/d，可以提高羔羊成活率，增重快。该羊场的饲喂方式是采用 TMR 饲喂机按比例搅拌后饲喂，营养均衡，吸收好。

陕西杨凌某种羊场饲养无角道赛特羊 700 只。苜蓿来自甘肃省河西走廊，水分含量 10% 左右，粗蛋白质含量 12%～16%，到场价格 2 700 元/t，饲喂量每只 0.5kg/d，占日粮粗饲料的 30%。实践表明，饲喂苜蓿对各个阶段羊只均适用，效果较好。除苜蓿草外，还使用花生蔓，来自陕西省某地区，价格 1 200 元/t。此外，该羊场粗饲料还有全株青贮玉米。羊场认为使用过程特别要注意防止粗饲料被雨淋发霉，饲喂顺序为先青干草，后青贮，再精料。

陕西某良种奶山羊羊场饲养萨能奶山羊 5 000 只。羊场采

1.种公羊配种期用苜蓿草，增强体质，提高母羊受胎率，用量300g/d

2.母羊繁殖期和哺乳期用苜蓿草，增加营养，用后产奶量多，羔羊增重快，带羔好，提高羔羊成活率，用量300g/d

3.羔羊断奶后可以吃草后用，提高羔羊成活率，增重快，100g/d

图 3-14　新疆某羊场苜蓿的应用

用苜蓿干草和燕麦干草配合饲喂的方式，各个阶段羊只使用效果良好，能够提高奶山羊采食量，增强抵抗力。苜蓿干草和燕麦干草饲喂量每只 2.20kg/d，占日粮粗饲料的 60%。苜蓿干草水分含量 10% 左右，粗蛋白质含量 12%～16%。苜蓿干草到场价格 2 500～2 600 元/t，燕麦草 2 200～2 300 元/t。该公司的经验是，使用过程需注意取用，减少浪费，饲喂定时定量，对霉变的草及时挑除。

宁夏某羊场饲养滩羊 4000 只。苜蓿来源产地为宁夏回族自治区某市，水分含量 10% 左右，粗蛋白质含量 13%～17%，饲喂量每只 1.0kg/d，占日粮粗饲料的 50%，与青贮玉米秸秆按照 1∶1 混合使用，除羔羊外其他各个阶段羊只均使用，效

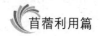

我羊场饲养无角道赛特羊700只。苜蓿饲喂量每只0.5kg/d，占日粮粗饲料的30%，对各个阶段羊只均适用，效果较好。羊场饲喂顺序为先青干草，后青贮，再精料

图 3 - 15　陕西杨凌某种羊场苜蓿的应用

我羊场饲养萨能奶山羊5 000只。使用苜蓿干草和燕麦干草饲喂量每只2.20kg/d，占日粮粗饲料的60%。各个阶段羊只使用效果良好，能够提高奶山羊采食量，增强抵抗力

图 3 - 16　陕西某良种奶山羊羊场苜蓿的应用

果较好。

　　陕西宝鸡某羊场饲养波尔山羊 1 200 只，苜蓿干草和燕麦草购于甘肃省河西走廊。苜蓿干草水分含量 10% 左右，粗蛋白质含量 18.5%，到场价格 2 700～2 800 元/t。燕麦草粗蛋白质含量

图 3-17　宁夏某良种羊繁育有限公司苜蓿的应用

图 3-18　陕西宝鸡某肉羊开发有限公司苜蓿的应用

16.0%，到场价格 2 200 元/t。苜蓿和燕麦草饲喂量每只 1.5kg/d，和全株玉米青贮混合成 TMR 使用。除羔羊外其他各个阶段羊只均使用，效果较好。该公司建议饲喂时应铡短，否则浪费严重。

四川广元某农牧公司饲养简州大耳羊 1 700 只。苜蓿为购自天津一贸易公司的美国进口苜蓿，水分 10% 左右，苜蓿干草粗蛋白质含量 21%，到场价格 3 000 元/t。燕麦干草产地在甘肃省河西走廊，粗蛋白质含量 16%，到场价格 2 200 元/t。该公司的饲喂量为苜蓿和燕麦草饲喂量每只 1.5kg/d，和全株玉米青贮混合成 TMR 饲喂。

图 3-19　四川广元市某农牧公司苜蓿的应用

甘肃某公司饲养湖羊、东佛里生羊及其杂交后代 5 000只。苜蓿干草和燕麦草自己种植，苜蓿干草水分含量 12%，粗蛋白质含量 18%。苜蓿和燕麦草饲喂量每只 0.8~1.2kg/d，占日粮粗饲料的 80%，其余粗饲料为全株玉米青贮。

我公司饲养湖羊、东佛里生羊及其杂交后代5 000只。苜蓿和燕麦草饲喂量每只0.8~1.2kg/d，占日粮粗饲料的80%，其余粗饲料为全株玉米青贮。各个阶段羊只均使用，效果较好

图 3 - 20　甘肃某羊场苜蓿的应用

　　河南南阳某牧业公司饲养奶山羊 1 600 只。苜蓿干草来源于甘肃省河西走廊，水分含量 15%，粗蛋白质含量 17%，到场价格 3 000 元/t。苜蓿饲喂量每只 0.5kg/d，占日粮粗饲料 15%，其余粗饲料为全株玉米青贮和花生秧。饲喂各个阶段羊只，可提高采食量，使体质健壮，产奶量和繁殖率提高。使用时，需注意采购优质苜蓿，选择水分较低，无霉变的苜蓿。储存防日晒，防雨淋。饲喂时铡短，采用 TMR 混合饲喂。

　　陕西某牧业公司，饲养萨能奶山羊、关中奶山羊 14 000 只。苜蓿干草购自甘肃省河西走廊，水分含量 12%，粗蛋白质含量 18%~20%，到场价格 1 800~2 300 元/t。饲喂量每只 0.8~2.0kg/d，和全株玉米青贮混合 TMR 饲料使用。

　　辽宁省某绒山羊种羊场有苜蓿地 13hm²，每年收割 3 茬，年亩产干草约 650kg，饲喂形式包括晒制干草、青刈、制作青

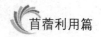

图 3-21　河南南阳某公司苜蓿的应用

贮这三种方式。苜蓿干草在舍饲辽宁绒山羊成年公母羊的日粮中一般占比 20%～30% 效果较好。在育成羊日粮中，苜蓿干草使用比例建议 20% 效果较好。幼龄未断奶羔羊不宜饲喂苜蓿干草，即使是鲜绿的叶片也不宜饲喂。在舍饲辽宁绒山羊生产中，发现误食了苜蓿干草叶片的哺乳期羔羊，均不同程度地出现了胀肚、腹泻的现象。不宜晾晒时可采取青刈饲喂的方式，以避免苜蓿因过季生长而倒伏霉烂。青刈苜蓿直接饲喂时，在成年辽宁绒山羊日粮中一般占比在 30%～40%，饲喂时需切成 1～2cm 的草段，在舍饲 TMR 日粮调制时按照比例加入，与精料、花生秸秆、玉米秸秆混匀饲喂。鲜草饲喂舍饲绒山羊时，注意搅拌均匀。避免绒山羊仅选择鲜草食用，特别是刚刚断奶的羔羊瘤胃发育不完善，容易发生瘤胃臌气。

我公司饲养萨能奶山羊、关中奶山羊14 000只。苜蓿干草水分含量12%，粗蛋白质含量18%~20%。饲喂量每只0.8~2.0kg/d，和全株玉米青贮混合TMR饲料使用。每个阶段羊只均使用，效果较好

图 3-22　陕西某牧业公司苜蓿的应用

17. 苜蓿饲喂羊应该注意什么?

苜蓿中含有大量的可溶性蛋白质和皂素，在瘤胃中发酵会产生气泡，易引起泡沫性瘤胃膨气。因此，不宜在单播苜蓿地放牧或用刚收割后的新鲜苜蓿饲喂羊，以防羊采食过多发病。饲喂苜蓿时应加强饲养管理，防止羊贪食过多。尤其是牧区由舍饲转为放牧时，放牧前要先喂些干草或粗饲料，适当限制在苜蓿地放牧的时间。

羊养殖中，不宜整株饲喂苜蓿干草，以免影响采食及消化。苜蓿干草加工成草粉与其他精料混合饲喂效果较好。苜蓿的瘤胃降解率较高，单独饲喂时氮的利用率较低，不能保证肉羊快速生长的营养需求。因此在肉羊养殖中不能长期单独饲喂

图3-23　辽宁某绒山羊场苜蓿的应用

图3-24　苜蓿饲喂羊时注意事项

苜蓿，配合谷物饲料饲喂可明显提高苜蓿的氮利用率，长期单独饲喂苜蓿也易发腹泻和臌胀病，妊娠母羊更不能单独喂苜蓿。苜蓿喂量的多少应根据羊的年龄、性别、生理阶段以及日粮品质而定。此外，不能饲喂发霉、腐败变质的苜蓿，尤其是苜蓿青贮。

青刈苜蓿草在饲用时不能长时间堆放，否则容易使叶片和嫩茎发热、发黄，造成维生素等微量营养物质损失，严重时可导致鲜草霉烂变质。因此青刈苜蓿应该现喂现割，不宜一次刈割量过大。

（三）苜蓿在 TMR 中的使用

18. TMR 是什么?

TMR 是全混合日粮的英文名称（Total Mixed Rations）的缩写。所谓全混合日粮是一种将粗料、精料、矿物质、维生

图 3-25　TMR 是什么

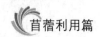

素和其他添加剂充分混合，能够提供足够的营养以满足动物营养需要的配合饲料。这种配合饲料通过特定的机械设备和加工工艺可以确保饲料配方的准确性，能够保证动物采食的每一口日粮都是精粗比例稳定、营养浓度一致的全价日粮。TMR 加工的过程中饲草料的加料顺序和加料量的准确性、搅拌时间的控制等是配方得以实施的基础，是保证动物生产性能稳定的重要环节。TMR 技术广泛用在奶牛上，现在在肉牛和羊上也得到了推广。

19. TMR 制作的原则是什么？

　　TMR 日粮制作应遵循先长后短、先干后湿、先粗后精、先轻后重的原则。添加顺序依次为干草、精料、辅料、青贮、水。配方中使用多种干草时，要将苜蓿放在所有干草后面，因为其质地柔软易碎，容易搅拌切割，切割太短将影响 TMR 日粮中物理有效纤维的含量，降低乳脂率，严重时甚至引起奶牛的瘤胃酸中毒。

图 3-26　TMR 制作原则是什么

20. TMR 的制作效果如何评价?

目前公认的评价日粮混合效果的方法是宾州筛法。宾州筛是美国宾夕法尼亚州立大学发明的一种用于评价 TMR 日粮制作效果的工具,下面简单介绍宾州筛的使用方法

工具准备:宾州筛、托盘(塑料盆或杯)、计算器、笔记本和笔。

图 3 - 27　工具准备

宾州筛拼接:首先将宾州筛各层按孔径从小到大,从下到上拼接好,置于一水平面上。

取样:随机分 6 个点选取一定量的新鲜饲料(TMR)样品。将取出的 400～500g 饲料样品置于第一层筛上。

图 3 - 28　宾州筛拼接

图 3 - 29　取样

操作：置于平整面上进行筛分，每一面筛 5 次，然后 90°旋转到另一面再筛 5 次，如此循环 7 次，共计筛 8 面，40 次。注意在筛分的过程中不要出现垂直振动。筛分过程中还要注意力度和频率，保证饲料颗粒能够在筛面上滑动，让小于筛孔的饲料颗粒掉入下一层。推荐的频率为大于 1.1hz（每秒筛 1.1次），幅度为 17cm。

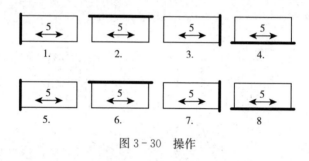

图 3-30　操作

宾州筛每一层孔径大小的含义：

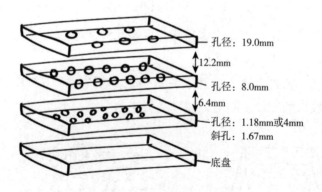

图 3-31　宾州筛每一层孔径大小

第一层：19mm 筛层主要针对可浮在瘤胃上层的粒径较大的粗饲料和饲料颗粒，这部分饲料需要不断的反刍才能消化。

第二层：8mm 筛层主要收集粗饲料颗粒，这部分饲料不需要奶牛过多地反刍，可以在瘤胃中更快地降解，更快地被微生物分解利用。

第三层：1.18mm 筛层主要是评价饲料是否对奶牛具有物理有效性。标准是饲料颗粒度通过瘤胃，且在粪便中的残留低于 5%。近年来的研究表明，这个临界值大于 1.18mm，应该在 4mm 左右，所以说 4mm 筛在评价物理有效纤维方面更加准确。

21. TMR 常见问题如何解决?

第一层比例太低的影响、原因以及改进措施。

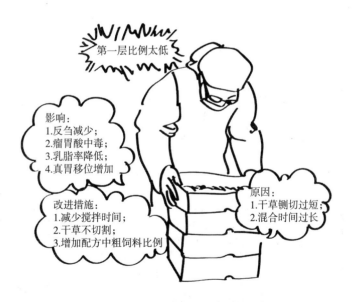

图 3-32　TMR 常见问题 1 及如何解决

第一层比例过高的影响、原因以及改进措施。

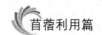

图 3-33　TMR 常见问题 2 及如何解决

TMR 日粮水分不稳定的影响、原因以及改进措施。

图 3-34　TMR 常见问题 3 及如何解决

（四）苜蓿在单胃动物中的应用

22. 苜蓿在养猪中如何应用？

河南省某公司通过流转土地种植苜蓿，应用含苜蓿的低蛋白日粮配方和畜禽粪污资源化利用技术，实现了以养定种、以种促养、种养结合和生态循环，综合效益十分显著。

在妊娠母猪饲粮中添加 15％～20％苜蓿草粉有效提高了总产仔数、产活仔数等生产指标，每头母猪提高年产断奶仔猪数（PSY）约 1.5 头。

图 3-35　苜蓿在妊娠母猪饲喂中应用情况

在哺乳母猪饲粮中添加苜蓿草粉提高了仔猪断奶窝重、断奶仔猪个体重、哺乳期仔猪成活率，降低了母猪哺乳期背膘损失等。

在商品猪中添加苜蓿，肉质更好，口感更佳；同时，添加牧草养猪成本下降。

饲料中添加苜蓿牧草，猪日粮蛋白降低两个百分点，氮排放可减少 30％左右，每头猪氮排放量仅为 0.11kg。每生产

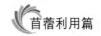

图 3-36　苜蓿在哺乳母猪饲喂中应用情况

图 3-37　苜蓿在商品猪饲喂中应用情况

1 000kg 苜蓿青干草需要 30kg 氮，相当于 275 头出栏生长育肥猪的氮排放量。此外，还有利于解决污水排放难题。每出栏一头猪排放废水 1t 左右，每亩苜蓿草地可消纳 40t 废水，并提高牧草产量 20% 以上，实现了变废为宝。

　　河南省济源市坡头镇有近百家母猪养殖户采用牧草种植、母猪饲养和粪污还田的循环农业绿色发展的方式。每户养殖 30～100 头母猪。仔猪出售或自养。自种、自收和自制苜蓿、

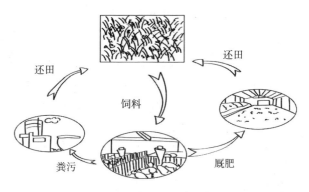

图 3-38　粪污还田应用情况

黑麦草、小黑麦等鲜草浆或青贮料饲喂母猪。

　　苜蓿从现蕾前开始陆续刈割，到盛花期结束。当天刈割的苜蓿鲜草，经粉碎机铡切揉搓成浆状进行饲喂。母猪饲喂苜蓿鲜草后提高了产仔数和仔猪成活率。用苜蓿鲜草养猪还可以降低饲养成本。土地地租为 800 元，每亩地每年种植成本约为400 元，合计成本 1 200 元。每亩地可产鲜草 5～6t，平均每千克鲜草成本 0.2 元。每头母猪每天饲喂鲜草 3kg，每年鲜草饲喂量 1 100kg，饲喂鲜草的费用为 220 元。按照每头母猪多产仔猪 2.5 头、每头仔猪断奶后售价 300 元计算，多收入 750元，投入产出比为 1：3.41，经济效益十分可观。

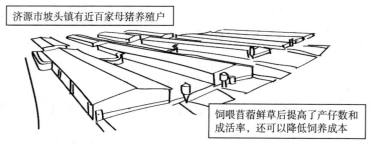

图 3-39　济源市坡头镇近百家母猪养殖户苜蓿应用情况

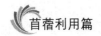

　　河北省黄骅市某养猪公司采用种养结合模式，自种苜蓿饲喂生猪。育肥猪的饲养按照每天饲喂两次的方法。其中夏秋两季每天饲喂基础日粮之前，把苜蓿鲜草切成 15cm 左右的草段投喂，每头日喂 1.5～2.5kg。冬春两季日粮配方中添加 20％左右的苜蓿草粉，制成配合饲料，每天分两次饲喂。

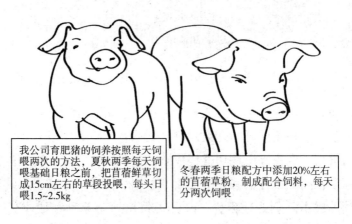

我公司育肥猪的饲养按照每天饲喂两次的方法，夏秋两季每天饲喂基础日粮之前，把苜蓿鲜草切成15cm左右的草段投喂，每头日喂1.5~2.5kg

冬春两季日粮配方中添加20%左右的苜蓿草粉，制成配合饲料，每天分两次饲喂

图 3-40　河北省黄骅市某养猪公司饲喂苜蓿情况

　　育肥猪饲喂苜蓿后，显著提高了猪肉的风味和营养价值，满足了人们对特色猪肉的需求。

23. 苜蓿在家禽中如何应用？

　　与其他动物相比，家禽利用粗纤维的能力较差。紫花苜蓿用于家禽主要是作为蛋白质和维生素的补充料，所以应选用优良的苜蓿产品用于家禽的生产。

　　苜蓿与禾本科牧草混种可以用来放养家禽。放养不仅可以使家禽体质健壮、增重加快，还明显改善家禽的肉质，加深蛋黄的颜色，提高适口性。

　　青饲苜蓿用于家禽养殖应该掌握好收割时机。一般要在现蕾期，因为家禽喜欢采食嫩绿的植物。饲喂方法可以将苜蓿切碎让家禽自由啄食，也可以打浆拌入料内饲喂。

家禽日粮中应用苜蓿草粉，在饲料工业中较普遍，但是应该选择优级 1 级草粉。有研究表明，在蛋鸡日粮中用 5% 的苜蓿粉代替等量的麸皮，对蛋黄着色有着极显著作用，对蛋鸡的生产性能和蛋壳品质无影响。

崔国文，杨帆，胡国富，等 . 2015. 不同粗饲料组合对泌乳期母羊生
　产性能的影响 [J]. 东北农业大学学报 (2)：53 - 58.

贺忠勇 . 2014. 苜蓿的营养价值及其在奶牛生产中的应用 [J]. 畜牧
　与饲料科学 (2)：52 - 54.

胡发成，段军红 . 2006. 苜蓿草粉替代奶牛饲料中部分精料的效果试
　验 [J]. 草业科学 (5)：72 - 74.

胡雅洁，贾志海，王润莲，等 . 2007. 不同加工方式苜蓿干草在肉
　羊瘤胃内的降解及对消化代谢的影响 [J]. 中国畜牧杂志 (17)：
　36 - 38.

靳晓霞，陈龙，周鑫，等 . 2013. 饲喂苜蓿干草对越冬母羊体质量增
　加及日粮消化率的影响 [J]. 草业科学 (1)：131 - 135.

李成林 . 2018. 苜蓿饲用价值及在奶牛养殖中的应用 [J]. 现在畜牧
　科技 (6)：50.

李彦品，杨海明，杨芷，等 . 2015. 紫花苜蓿的营养价值及其在畜禽
　生产中的应用 [J]. 饲料研究 (9)：14 - 18.

李志强 . 2003. 苜蓿干草在高产奶牛日粮中适宜添加量的研究 [J].
　中国农业科学 (8)：950 - 954.

刘军彪 . 2015. 苜蓿干草在泌乳奶牛上的应用浅析 [J]. 中国奶牛
　(18)：19 - 21.

刘圈炜，王文静，王成章，等 . 2011. 苜蓿青饲对波尔山羊瘤胃消化
　代谢的影响 [J]. 动物营养学报 (1)：162 - 170.

路永强 . 2003. 怎样用苜蓿舍饲育肥肉羊 [J]. 北京农业 (9)：21.

施安，李聚才，张俊丽，等.2018.不同青贮、粗饲料在育成羊瘤胃中的降解特性［J］.中国饲料（21）：12-16.

王成章，周路，李海洋，等.2014.苜蓿皂苷及其在禽类生产中的应用［J］.饲料工业（9）：7-10.

王俊贤，张勃.2016.家庭养殖场种草养羊最优饲养模式研究［J］.畜牧兽医杂志（4）：82-83，87.

王玲.2018.苜蓿不同喂量对奶牛产奶量及品质的影响研究［J］.中国牛业科学（3）：20-23.

严学兵，刘圈炜，王成章，等.2010.苜蓿青饲对波尔山羊生长性能及血液生理生化指标的影响［J］.草地学报（3）：456-461.

张雅飞，张英杰，段春辉，等.2017.羊用四种粗饲料营养价值评定［J］.饲料工业（9）：27-30.

周泉佚，马先锋.2018.裹包青贮燕麦和苜蓿饲喂肉羊育肥效果试验研究［J］.畜牧与兽医（9）：26-29.

朱晓艳，赵诚，史莹华，等.2016.苜蓿青贮料代替苜蓿青干草对奶牛生产性能及乳品质的影响［J］.草业学报（5）：156-164.

图书在版编目（CIP）数据

苜蓿燕麦科普系列丛书. 苜蓿利用篇 / 贠旭江总主
编；全国畜牧总站编. —北京：中国农业出版社，
2020.12
　ISBN 978-7-109-27472-3

　Ⅰ.①苜… Ⅱ.①贠… ②全… Ⅲ.①紫花苜蓿－加
工利用 Ⅳ.①S541②S512.6

中国版本图书馆 CIP 数据核字（2020）第 197212 号

中国农业出版社出版
地址：北京市朝阳区麦子店街 18 号楼
邮编：100125
责任编辑：赵　刚
版式设计：王　晨　责任校对：吴丽婷
印刷：中农印务有限公司
版次：2020 年 12 月第 1 版
印次：2020 年 12 月北京第 1 次印刷
发行：新华书店北京发行所
开本：880mm×1230mm　1/32
印张：1.75
字数：38 千字
定价：20.00 元